Vanessa Zorrilla Muñoz

Medicina del trabajo

Band 1

Evaluación de riesgo químico en instalaciones mecánicas en edificios mediante el método simplificado del INRS

GRIN Publishing

Bibliographic information published by the German National Library:

The German National Library lists this publication in the National Bibliography; detailed bibliographic data are available on the Internet at http://dnb.dnb.de .

Imprint:

Print and binding: Books on Demand GmbH, Norderstedt Germany
ISBN: 978-3-656-24122-5

This book at GRIN:

http://www.grin.com/es/e-book/197612/evaluacion-de-riesgo-quimico-en-instalacio-nes-mecanicas-en-edificios-mediante

EVALUACIÓN DE RIESGO QUÍMICO EN INSTALACIONES MECÁNICAS EN EDIFICIOS MEDIANTE EL MÉTODO SIMPLIFICADO DEL INRS

AUTOR: VANESSA ZORRILLA MUNOZ

UNIVERSIDAD DE EXTREMADURA
ESCUELA DE INGENIEROS INDUSTRIALES DE BADAJOZ

INDICE

Índice de gráficas

Ìndice de tablas

1. ALCANCE

El alcance de este proyecto comprende los productos químicos que están utilizando los trabajadores de varias empresas de instalaciones mecánicas en edificios, para las distintas operaciones y trabajos a desarrollar de climatización, calefacción, instalación de protección contra incendios e instalación de redes de agua.

No se ha considerado la realización de mediciones de los agentes contaminantes debido:

- El escaso tiempo de chequeo de las instalaciones en distintas obras (inferior a 2 años).
- La probabilidad de que al realizar las mediciones en un medio abierto, los resultados sean falseados.
- La obligatoriedad por parte de los Servicios de Prevención Ajenos (SPA) de cada empresa subcontratista de evaluar los riesgos en caso de ser necesario.

El presente documento, pretende constituir una guía básica de observación de los agentes contaminantes y un documento de información preventivo para las empresas subcontratistas, con el fin de que estimen la posibilidad de modificar sus procesos a la vista de los resultados obtenidos en la presente evaluación simplificada.

2. DESARROLLO

2.1. NORMATIVA APLICABLE

El desarrollo de esta instrucción se realiza en virtud de lo indicado en el artículo 3 sobre "Evaluación de riesgos" del RD 374/2001, de 6 de abril, sobre la protección de la salud y seguridad de los trabajadores contra los riesgos relacionados con los agentes químicos durante el trabajo, que indica lo siguiente [2]:

"1. El empresario deberá determinar, en primer lugar, si existen agentes químicos peligrosos en el lugar de trabajo. Si así fuera, se deberán evaluar los riesgos para la salud y seguridad de los trabajadores, originados por dichos agentes, de conformidad con el artículo 16 de la Ley de Prevención de Riesgos Laborales y la sección 1 del capítulo II del Reglamento de los Servicios de Prevención, considerando y analizando conjuntamente:

Sus propiedades peligrosas y cualquier otra información necesaria para la evaluación de los riesgos, que deba facilitar el proveedor, o que pueda recabarse de éste o de cualquier otra fuente de información de fácil acceso. Esta información debe incluir la ficha de datos de seguridad y, cuando proceda, la evaluación de los riesgos para los usuarios, contempladas en la normativa sobre comercialización de agentes químicos peligrosos.

Los valores límite ambientales y biológicos.

Las cantidades utilizadas o almacenadas de los agentes químicos.

El tipo, nivel y duración de la exposición de los trabajadores a los agentes y cualquier otro factor que condicione la magnitud de los riesgos derivados de dicha exposición, así como las exposiciones accidentales.

Cualquier otra condición de trabajo que influya sobre otros riesgos relacionados con la presencia de los agentes en el lugar de trabajo y, específicamente, con los peligros de incendio o explosión.

El efecto de las medidas preventivas adoptadas o que deban adoptarse.

Las conclusiones de los resultados de la vigilancia de la salud de los trabajadores que, en su caso, se haya realizado y los accidentes o incidentes causados o potenciados por la presencia de los agentes en el lugar de trabajo.

2. La evaluación del riesgo deberá incluirla de todas aquellas actividades, tales como las de mantenimiento o reparación, cuya realización pueda suponer un riesgo para la seguridad y salud de los trabajadores, por la posibilidad de que se produzcan exposiciones de importancia o por otras razones, aunque se hayan tomado todas las medidas técnicas pertinentes.

3. Cuando los resultados de la evaluación revelen un riesgo para la salud y la seguridad de los trabajadores, serán de aplicación las medidas específicas de prevención, protección y vigilancia de la salud establecidas en los artículos 5, 6 y 7.

No obstante, dichas medidas específicas no serán de aplicación en aquellos supuestos en que los resultados de la evaluación de riesgos pongan de manifiesto que la cantidad de un agente químico peligroso presente en el lugar de trabajo hace que sólo exista un riesgo leve para la salud y seguridad de los trabajadores, siendo suficiente para reducir dicho riesgo la aplicación de los principios de prevención establecidos en el artículo 4."

El modelo convencional de evaluación de riesgo químico incluye las etapas de identificación, evaluación y control y revisión del método.

En la etapa de evaluación de riesgo químico, se requiere la medición compleja del producto detectado, lo cual significa una importante inversión de tiempo y costes.
La complejidad técnica en la evaluación de riesgo incluye:

La estrategia de muestreo: número de muestras, duración de cada una, ubicación, momento del muestreo, número de trabajadores a muestrear, número de jornadas y peridiocidad del muestreo.
La toma de muestras: elección de la instrumentación (valorando la opción de utilizar equipos calibrados o en tal caso verificados[1]) y parámetros de muestreo adecuados.
El análisis químico de las muestras.
El tratamiento de los datos y comparación con los criterios de valoración.
Las conclusiones sobre el riesgo por exposición al agente químico.

Alcanzar conclusiones sin realizar mediciones ambientales y realizar una previsión de las medidas de control necesarias en cada puesto de trabajo constituye una interesante oportunidad para delimitar el proceso de evaluación.

---

[1] De acuerdo lo indicado en la VIM: 1993 ISO sobre Vocabulario internacional de términos básicos y generales en metrología, se define calibración como: "El conjunto de operaciones que establecen, bajo condiciones especificadas, la relación entre los valores de las magnitudes indicadas, por un instrumento o sistema de medición, o valores representados por una medida materializada o un material de referencia y los correspondientes valores realizados por patrones".
La calibración de un equipo de medición permite estimar el valor convencionalmente verdadero de una medida de referencia, los errores de indicación de un equipo de medición, las correcciones, entre otras propiedades metrológicas. En la calibración los resultados deben informarse a través de un certificado de calibración.
En la verificación un rasgo característico es la emisión de un certificado de verificación cuyo contenido puede limitarse a la aptitud o no del equipo de medición para el uso como resultado de la evaluación de conformidad con respecto a las especificaciones metrológicas. Mientras que en la calibración, el certificado de calibración debe contemplar los resultados de la calibración (tablas, gráficos, correcciones, errores de indicación, etc…) y puede incluir una declaración de cumplimiento con especificaciones metrológicas conocidas (por ejemplo el error máximo permisible del equipo de medición).

En cualquier método de evaluación del riesgo químico simplificado, previa a tomar la consideración de si será necesario medir o no, se presentan dos etapas: Por una parte una primera etapa de screening, mediante la cual se establecerá un nivel de prioridad, filtrando las situaciones inaceptables que requieran la adopción inmediata de medidas y establezca un orden de prioridad para la evaluación posterior y la segunda etapa, opcional, de carácter semicuantitativo, para determinar el nivel de riesgo. Ambas etapas son etapas muy sencillas en el sentido que parten del principio de dar una puntuación por rangos de peligros y de condiciones de exposición [3].

Los riesgos a evaluar, en cualquier caso, serán los derivados por la presencia de agentes químicos peligrosos, que pueden ser uno o varios de los siguientes [4]:

- Riesgos por absorción a través de la piel o por contacto de la piel u ojos: Localización y extensión del contacto, toxicidad del agente (absorción), duración y frecuencia del contacto, trabajadores especialmente sensibles.
- Riesgos por inhalación: toxicidad del producto, concentración ambiental, tiempo de exposición, trabajadores especialmente sensibles.

2.2. DESCRIPCIÓN DEL MÉTODO FRANCÉS INRS

Para la evaluación simplificada de riesgo químico se utiliza la técnica de "control banding", que consiste en agrupar:

Los riesgos (bandas de riesgos).
El potencial de exposición (bandas de exposiciones).
La combinación de estos grupos de bandas genera un conjunto de controles (bandas de controles).

El "control banding" permite alcanzar una estructura para la evaluación cuantitativa, constituyendo una técnica transparente, práctica y fácilmente accesible.

Las etapas para desarrollar esta técnica son las siguientes:

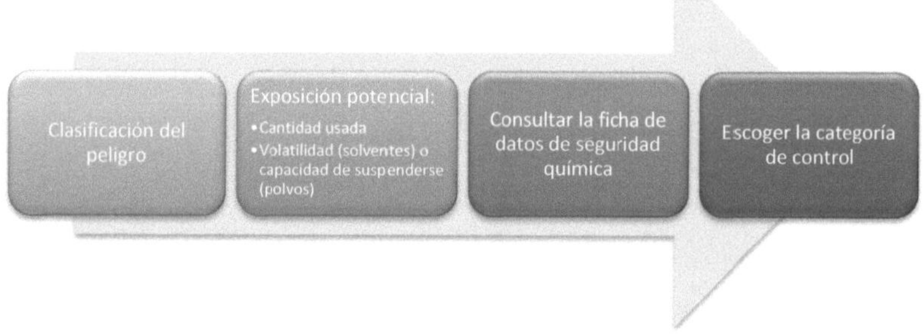

Gráfica 1 - Etapas para el desarrollo de la técnica de "control banding" [1]

Para ello, se utilizan métodos simplificados por riesgo de exposición, que permitirán:

Concluir la evaluación en los casos sencillos
Establecer o mejorar las medidas preventivas, después de lo cual habría que volver a evaluar.
Filtrar tareas, puestos o agentes químicos que requieren un estudio pormenorizado y un seguimiento posterior.

En esta instrucción, se tratará el método francés desarrollado por el INRS (Institut national de recherche et de sécurité pour la prévention des accidents du travail et des maladies profesionnelles), el cual incluye una metodología de evaluación simplificada para los riesgos de exposición por inhalación, de contacto cutáneo, de incendio-explosión y de impacto ambiental, aunque en este caso, se evaluarán los riesgos por inhalación y contacto cutáneo.

Consta de tres fases:

Inventario de productos químicos y materiales utilizados.

En esta etapa se recogen los datos relativos al producto químico y material utilizado (nombre comercial, empresa que lo utiliza…).

Jerarquización de riesgos potenciales o "screening".

Los peligros se determinarán a partir de las frases R, mientras que la exposición potencial se calcula a partir de la cantidad utilizada. Con estos parámetros, se calcula el riesgo potencial

Evaluación de riesgos.

La evaluación de riesgos simplificada, propone una evaluación a priori "sin medición", que se justifica en este caso porque se comprueba alguno de los siguientes hechos:

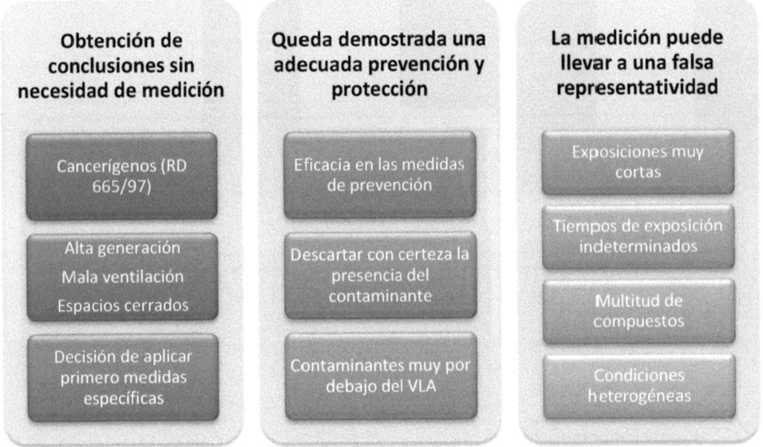

Gráfica 2 – Hechos par justificar la evaluación de riesgos simplificada [4]

En el resto de casos, queda sujeta al Servicio de Prevención de cada empresa correspondiente, a realizar mediciones específicas del contaminante.

Los datos relativos para la valoración del riesgo por contacto, son los que se indican a continuación:

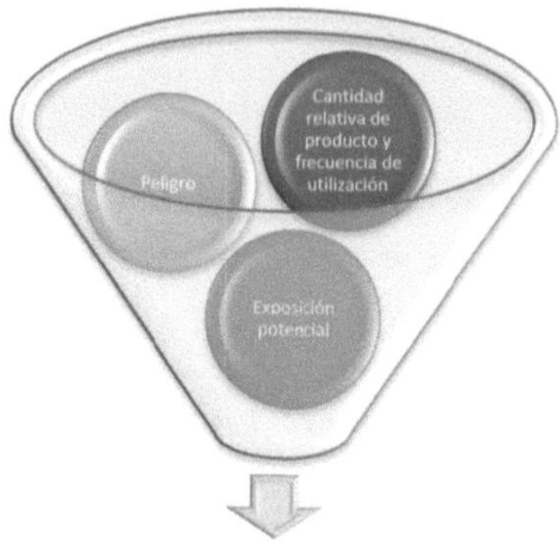

Riesgo Potencial

Gráfica 3 – Datos parala valoración de riesgo por contacto [4]

El siguiente esquema define de forma simplificada los pasos a seguir para desarrollar el método:

Paso	
Clave de peligro	•Frases de riesgo
Puntuación del peligro	•Clase de peligro
Cantidad relativa	•Cantidad consumida/ Agente mayor consumo (Qi/Qmáx)
Clave de frecuencia	•Referencia temporal
Exposición potencial	•Cantidad relativa •Clase de frecuencia
Riesgo potencial	•Exposición potencial •Clase de peligro

Gráfica 4 – Esquema de pasos a seguir en la aplicación del método [1]

En primer lugar, se determina mediante el uso de las "Fichas de datos de seguridad química", las frases R que relacionan los peligros, se obtiene así la **clase de peligro**:

Clase de peligro	Frases de riesgo	Pictograma	VLAs mg/m3	Naturaleza del agente químico
1	Ninguna	Ninguno	>100	
2	R36, R37, R36/37, R36/38, R36/37/38, R37/38, R66	Xi irritante	11 - < 10	Hierro / Cereal y derivados / Grafito / Material de construcción / Talco / Cemento / Composites / Madera de combustión tratada / Soldadura / Metal-Plástico / Vulcanización / Material vegetal-animal
3	R20, R21, R22, R20/21, R20/22, R20/21/22, R21/22, R33, R34, R40, R42, R43, R42, 43, R68/20, R68/21, R68/22, R68/20/21, R68/20/22, R68/21/22, R68/20/21/22, R48/20, R48/21, R48/22, R48/20/21, R48/20/22, R48/21/22, R48/20/21/22, R62, R63, R64, R65, R67, R68	Xn Nocivo C Corrosivo	1 - < 10	Soldadura inox / Fibras cerámicas-vegetales / Pinturas de plomo / Muelas / Arenas / Aceites de corte y refrigerantes
4	R15/29, R23, R24, R25, R29, R31, R23/24, R23/25, R24/25, R23/24/25, R35, R39/23, R39/24, R39/25, R39/23/24, R39/23/25, R39/24/25, R29/23/24/25, R41, R45, R46, R49, R48/23, R48/24, R48/25, R48/23/24, R48/23/25, R48/24/25, R48/23/24/25, R60, R61	T Tóxico C Corrosivo	>0,1 - < 1	Madera y derivados / Plomo metálico / Amianto y materiales que lo contienen / Fundición y alinaje de plmo / Betunes y breas / Gasolina (carburante)
5	R26, R27, R28, R32, R26/27, R26/28, R27/28, R26/27/28, R39/26, R39/27, R39/28, R39/26/27, R39/26/28, R39/27/28, R39/26/27/28	T + Muy tóxico	< 0,1	

Tabla 1 – Clasificación de peligros [3]

Lista de frases R [5]:

- R1- Explosivo en estado seco.
- R2- Riesgo de explosión por choque, fricción, fuego u otras fuentes de ignición.
- R3- Alto riesgo de explosión por choque, fricción, fuego u otras fuentes de ignición.
- R4- Forma compuestos metálicos explosivos muy sensibles.
- R5- Peligro de explosión en caso de calentamiento.
- R6- Peligro de explosión, en contacto o sin contacto con el aire.
- R7- Puede provocar incendios.
- R8- Peligro de fuego en contacto con materias combustibles.
- R9- Peligro de explosión al mezclar con materias combustibles.
- R10- Inflamable.
- R11- Fácilmente inflamable.
- R12- Extremadamente inflamable.
- R14- Reacciona violentamente con el agua.

- R15- Reacciona con el agua liberando gases extremadamente inflamables.
- R16- Puede explosionar en mezcla con sustancias comburentes.
- R17- Se inflama espontáneamente en contacto con el aire.
- R18- Al usarlo pueden formarse mezclas aire-vapor explosivas/inflamables.
- R19- Puede formar peróxidos explosivos.
- R20- Nocivo por inhalación.
- R21- Nocivo en contacto con la piel.
- R22- Nocivo por ingestión.
- R23- Tóxico por inhalación.
- R24- Tóxico en contacto con la piel.
- R25- Tóxico por ingestión.
- R26- Muy tóxico por inhalación.
- R27- Muy tóxico en contacto con la piel.
- R28- Muy tóxico por ingestión.
- R29- En contacto con agua libera gases tóxicos.
- R30- Puede inflamarse fácilmente al usarlo.
- R31- En contacto con ácidos libera gases tóxicos.
- R32- En contacto con ácidos libera gases muy tóxicos.
- R33- Peligro de efectos acumulativos.
- R34- Provoca quemaduras.
- R35- Provoca quemaduras graves.
- R36- Irrita los ojos.
- R37- Irrita las vías respiratorias.
- R38- Irrita la piel.
- R39- Peligro de efectos irreversibles muy graves.
- R40- Posibles efectos cancerígenos.
- R41- Riesgo de lesiones oculares graves.
- R42- Posibilidad de sensibilización por inhalación.
- R43- Posibilidad de sensibilización en contacto con la piel.
- R44- Riesgo de explosión al calentarlo en ambiente confinado.
- R45- Puede causar cáncer.
- R46- Puede causar alteraciones genéticas hereditarias.
- R48- Riesgo de efectos graves para la salud en caso de exposición prolongada.
- R49- Puede causar cáncer por inhalación.
- R50- Muy tóxico para los organismos acuáticos.
- R51- Tóxico para los organismos acuáticos.

- R52- Nocivo para los organismos acuáticos.
- R53- Puede provocar a largo plazo efectos negativos en el medio ambiente acuático.
- R54- Tóxico para la flora.
- R55- Tóxico para la fauna.
- R56- Tóxico para los organismos del suelo.
- R57- Tóxico para las abejas.
- R58- Puede provocar a largo plazo efectos negativos en el medio ambiente.
- R59- Peligroso para la capa de ozono.
- R60- Puede perjudicar la fertilidad.
- R61- Riesgo durante el embarazo de efectos adversos para el feto.
- R62- Posible riesgo de perjudicar la fertilidad.
- R63- Posible riesgo durante el embarazo de efectos adversos para el feto.
- R64- Puede perjudicar a los niños alimentados con leche materna.
- R65- Nocivo: si se ingiere puede causar daño pulmonar.
- R66- La exposición repetida puede provocar sequedad o formación de grietas en la piel.
- R67- La inhalación de vapores puede provocar somnolencia y vértigo.
- R68- Posibilidad de efectos irreversibles.

Combinaciones frases R [5]:

- R14/15- Reacciona violentamente con el agua, liberando gases extremadamente inflamables.
- R15/29- En contacto con el agua, libera gases tóxicos y extremadamente inflamables.
- R20/21- Nocivo por inhalación y en contacto con la piel.
- R20/22- Nocivo por inhalación y por ingestión.
- R20/21/22- Nocivo por inhalación, por ingestión y en contacto con la piel.
- R21/22- Nocivo en contacto con la piel y por ingestión.
- R23/24- Tóxico por inhalación y en contacto con la piel.
- R23/25- Tóxico por inhalación y por ingestión.
- R23/24/25- Tóxico por inhalación, por ingestión y en contacto con la piel.
- R24/25- Tóxico en contacto con la piel y por ingestión.
- R26/27- Muy tóxico por inhalación y en contacto con la piel.
- R26/28- Muy tóxico por inhalación y por ingestión.
- R26/27/28- Muy tóxico por inhalación, por ingestión y en contacto con la piel.
- R27/28- Muy tóxico en contacto con la piel y por ingestión.
- R36/37- Irrita los ojos y las vías respiratorias.

- R36/38- Irrita los ojos y la piel.
- R36/37/38- Irrita los ojos, la piel y las vías respiratorias.
- R37/38- Irrita las vías respiratorias y la piel.
- R39/23- Tóxico: peligro de efectos irreversibles muy graves por inhalación.
- R39/24- Tóxico: peligro de efectos irreversibles muy graves por contacto con la piel.
- R39/25- Tóxico: peligro de efectos irreversibles muy graves por ingestión.
- R39/23/24- Tóxico: peligro de efectos irreversibles muy graves por inhalación y contacto con la piel.
- R39/23/25- Tóxico: peligro de efectos irreversibles muy graves por inhalación e ingestión.
- R39/24/25- Tóxico: peligro de efectos irreversibles muy graves por contacto con la piel e ingestión.
- R39/23/24/25- Tóxico: peligro de efectos irreversibles muy graves por inhalación, contacto con la piel e ingestión.
- R39/26- Muy tóxico: peligro de efectos irreversibles muy graves por inhalación.
- R39/27- Muy tóxico: peligro de efectos irreversibles muy graves por contacto con la piel.
- R39/28- Muy tóxico: peligro de efectos irreversibles muy graves por ingestión.
- R39/26/27- Muy tóxico: peligro de efectos irreversibles muy graves por inhalación y contacto con la piel.
- R39/26/28- Muy tóxico: peligro de efectos irreversibles muy graves por inhalación e ingestión.
- R39/27/28- Muy tóxico: peligro de efectos irreversibles muy graves por contacto con la piel e ingestión.
- R39/26/27/28- Muy tóxico: peligro de efectos irreversibles muy graves por inhalación, contacto con la piel e ingestión.
- R42/43- Posibilidad de sensibilización por inhalación y por contacto con la piel.
- R48/20- Nocivo: riesgo de efectos graves para la salud en caso de exposición prolongada por inhalación.
- R48/21- Nocivo: riesgo de efectos graves para la salud en caso de exposición prolongada por contacto con la piel.
- R48/22- Nocivo: riesgo de efectos graves para la salud en caso de exposición prolongada por ingestión.
- R48/20/21- Nocivo: riesgo de efectos graves para la salud en caso de exposición prolongada por inhalación y contacto con la piel.
- R48/20/22- Nocivo: riesgo de efectos graves para la salud en caso de exposición prolongada por inhalación e ingestión.

- R48/21/22- Nocivo: riesgo de efectos graves para la salud en caso de exposición prolongada por contacto con la piel e ingestión.
- R48/20/21/22- Nocivo: riesgo de efectos graves para la salud en caso de exposición prolongada por inhalación, contacto con la piel e ingestión.
- R48/23- Tóxico: riesgo de efectos graves para la salud en caso de exposición prolongada por inhalación.
- R48/24- Tóxico: riesgo de efectos graves para la salud en caso de exposición prolongada por contacto con la piel.
- R48/25- Tóxico: riesgo de efectos graves para la salud en caso de exposición prolongada por ingestión.
- R48/23/24- Tóxico: riesgo de efectos graves para la salud en caso de exposición prolongada por inhalación y contacto con la piel.
- R48/23/25- Tóxico: riesgo de efectos graves para la salud en caso de exposición prolongada por inhalación e ingestión.
- R48/24/25- Tóxico: riesgo de efectos graves para la salud en caso de exposición prolongada por contacto con la piel e ingestión.
- R48/23/24/25- Tóxico: riesgo de efectos graves para la salud en caso de exposición prolongada por inhalación, contacto con la piel e ingestión.
- R50/53- Muy tóxico para los organismos acuáticos, puede provocar a largo plazo efectos negativos en el medio ambiente acuático.
- R51/53- Tóxico para los organismos acuáticos, puede provocar a largo plazo efectos negativos en el medio ambiente acuático.
- R52/53- Nocivo para los organismos acuáticos, puede provocar a largo plazo efectos negativos en el medio ambiente acuático.
- R68/20- Nocivo: posibilidad de efectos irreversibles por inhalación.
- R68/21- Nocivo: posibilidad de efectos irreversibles por contacto con la piel
- R68/22- Nocivo: posibilidad de efectos irreversibles por ingestión.
- R68/20/21- Nocivo: posibilidad de efectos irreversibles por inhalación y contacto con la piel.
- R68/20/22- Nocivo: posibilidad de efectos irreversibles por inhalación e ingestión.
- R68/21/22- Nocivo: posibilidad de efectos irreversibles por contacto con la piel e ingestión.
- R68/20/21/22- Nocivo: posibilidad de efectos irreversibles por inhalación, contacto con la piel e ingestión.

Cada clase de peligro, obtiene la **puntuación de ese peligro**:

Clase de peligro	Puntuación del peligro
5	10.000
4	1.000
3	100
2	10
1	1

Tabla 2 –Tabla de puntuaciones de peligros [3]

La **cantidad relativa** de producto utilizado se calcula a partir de la expresión Qi/Qmáx que resulta de dividir la cantidad consumida de agente químico (Qi) por la cantidad correspondiente al agente químico que tiene un mayor consumo (Qmáx). La referencia temporal puede ser diaria, semanal, mensual, anual, etc… El criterio a asignar, se observa en la tabla siguiente:

Cantidad relativa	Qi/Qmáx
1	Menor 1%
2	1-5%
3	5-12%
4	12-33%
5	33-100%

Tabla 3 – Criterio de cantidades relativas [1]

La **cantidad de frecuencia** de utilización se determina teniendo en cuenta la misma frecuencia temporal que para la clase de cantidad. Existen cuatro fases de frecuencia de utilización, en función de que el uso del producto químico sea ocasional, intermitente, frecuente o permanente.

UTILIZACIÓN	OCASIONAL	INTERMITENTE	FRECUENTE	PERMANENTE
DIA	Menos 30'	30-120'	2-6 horas	Más de 6 horas
SEMANA	Menos de 2 horas	2-8 horas	1-3 días	Más de 3 días
MES	Menos de 1 día	1-6 días	6-15 días	Más de 15 días
AÑO	Menos de 5 días	15 días-2 meses	2-5 meses	Más de 5 meses
CLASE	1	2	3	4
	0: El agente químico no se usa hace al menos un año. El agente químico no se usa más.			

Tabla 4 – Tabla de frecuencia de utilización [1]

La combinación de la clase de cantidad y clase de frecuencia da lugar a la **exposición potencial**:

Clase de cantidad						
5	0	4	5	5	5	
4	0	3	4	4	4	
3	0	3	3	3	3	
2	0	2	2	2	2	
1	0	1	1	1	1	
	0	**1**	**2**	**3**	**4**	**Clase de frecuencia**

Tabla 5 – Exposición potencial [1]

De la clase de exposición potencial y la clase de peligro se obtiene la **puntuación del riesgo potencial**:

Clase de exposición potencial						
5	100	1.000	10.000	100.000	1.000.000	
4	30	300	3.000	30.000	300.000	
3	10	100	1.000	10.000	100.000	
2	3	30	300	3.000	30.000	
1	1	10	100	1.000	10.000	
	1	**2**	**3**	**4**	**5**	**Clase de peligro**

Tabla 6 – Clase de exposición potencial [1]

Observaciones:

Cuando la puntuación del riesgo potencial de igual para dos agentes químicos, la puntuación se establecerá en relación al que tenga la clase de peligro más alta.

PUNTUACIÓN	PRIORIDAD
Más de 10.000	FUERTE
De 100 a 10.000	MEDIA
Menos de 100	BAJA

Tabla 7- Relación de puntuaciones y prioridades [1]

La jerarquización para la valoración del riesgo por inhalación, se realiza como sigue a continuación:

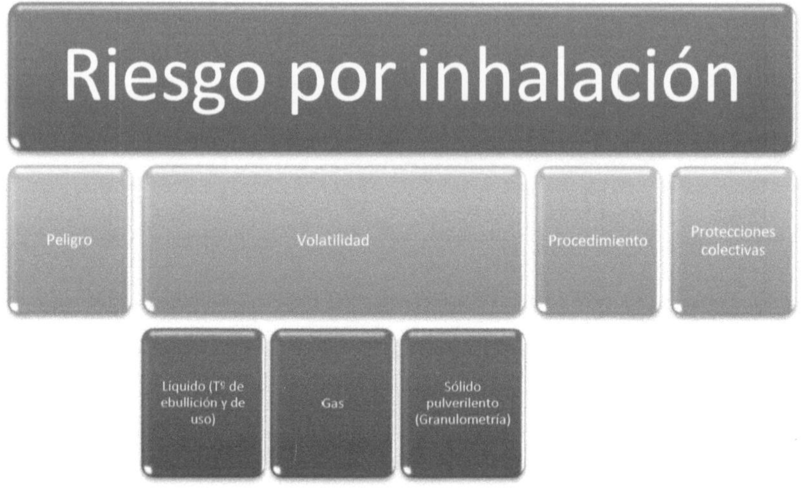

Gráfica 5 – Jerarquización para la valoración del riesgo [1]

En el esquema que se detalla a continuación, se expone de manera simplificada el método:

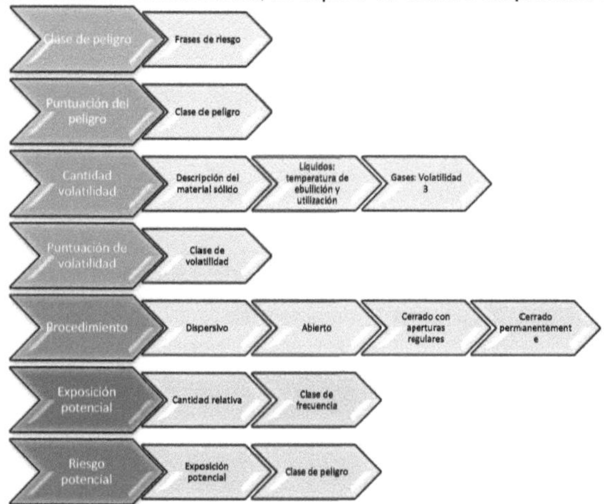

Gráfica 6 – Esquema simplificado del método [1]

Como en el caso de riesgo por contacto, la **clase de peligro**, se determina mediante el uso de las "Fichas de datos de seguridad química", acudiendo a la puntuación según las frases R de riesgo, como se ha indicado en la Tabla 1.

La **puntuación del peligro**, se obtiene relacionando la clase determinada, según se ha indicado en la Tabla 2.

La **clase de volatilidad** se establece en función del estado físico:

Descripción del material sólido	Clase de volatilidad
Material en forma de polvo fino, formación de polvo que queda en suspensión en la manipulación (p.e. azúcar en polvo, harina, cemento, yeso…)	**3**
Material en forma de polvo en grano (1-2 mm).El polvo sedimenta rápido en la manipulación (p.e. azúcar consistente cristalizada)	**2**
Material en pastillas, granulado, escamas (varios mm ó 1-2 mm) sin apenas emisión de polvo en la manipulación	**1**

Tabla 8 – Descipción del material sólido y clase de volatilidad [1]

Para los líquidos también existen **clases de volatilidad** en función de la temperatura de ebullición y la temperatura de utilización del agente químico:

A los gases se les atribuirá siempre una **clase de volatilidad 3**.

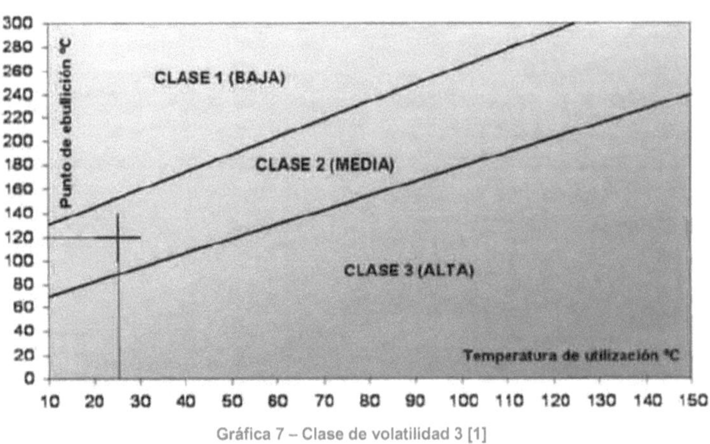

Gráfica 7 – Clase de volatilidad 3 [1]

La **puntuación de la volatilidad**, se establece en función de la clase de volatilidad obtenida:

Clase de volatilidad	Puntuación de volatilidad
3	100
2	10
1	1

Tabla 9- Clase de volatilidad y puntuación de la volatilidad [1]

El siguiente paso es considerar la **clase de procedimiento, dispersivo, abierto, cerrado con aperturas regulares y cerrado permanentemente**. En función del procedimiento del sistema, se obtendrá una puntuación:

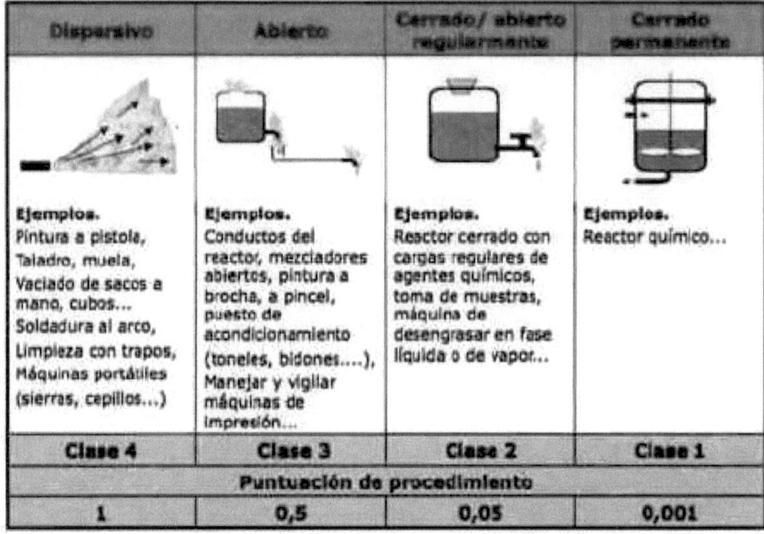

Dispersivo	Abierto	Cerrado/ abierto regularmente	Cerrado permanente
Ejemplos. Pintura a pistola, Taladro, muela, Vaciado de sacos a mano, cubos... Soldadura al arco, Limpieza con trapos, Máquinas portátiles (sierras, cepillos...)	**Ejemplos.** Conductos del reactor, mezcladores abiertos, pintura a brocha, a pincel, puesto de acondicionamiento (toneles, bidones....), Manejar y vigilar máquinas de impresión...	**Ejemplos.** Reactor cerrado con cargas regulares de agentes químicos, toma de muestras, máquina de desengrasar en fase líquida o de vapor...	**Ejemplos.** Reactor químico...
Clase 4	**Clase 3**	**Clase 2**	**Clase 1**
Puntuación de procedimiento			
1	**0,5**	**0,05**	**0,001**

Tabla 10 – Clase de procedimiento y puntuaciones [1]

En función de la **protección colectiva** utilizada, se establecerán cuatro clases de puntuación de acuerdo con la tabla expuesta a continuación:

Ausencia de ventilación mecánica	Trabajador alejado de la fuente de emisión	Ventilación mecánica general	
Clase 4 Puntuación = 1	Clase 3, puntuación = 0,7		
Campana superior	Rendija de aspiración	Mesa con aspiración	Aspiración integrada a la herramienta
Clase 2, puntuación = 0,1			
Cabina de pequeñas dimensiones ventilada	Cabina horizontal	Cabina vertical	Captación envolvente (vitrina de laboratorio)
Clase 2, puntuación =0,1			Clase 1 Puntuación =0,001

Tabla 11 – Puntuaciones en función de la protección colectiva utilizada [1]

Una vez que se han determinado las clases de peligro, de volatilidad, de procedimiento y de protección colectiva, se resuelve la puntuación total, según lo indicado en la fórmula expresada a continuación:

Pinh= Puntuación del peligro x Puntuación volatilidad x Puntuación procedimiento x Puntuación protección colectiva

Fórmula 1 - Puntuación total , denominada Pinh

El último paso es caracterizar el riesgo utilizando la siguiente tabla:

Puntuación del riesgo	Prioridad de acción	Caracterización del riesgo
>1.000	1	Riesgo probable muy elevado (medidas correctoras inmediatas)
100 – 1.000	2	Riesgo moderado. Es probable que necesite medidas correctoras y una evaluación más detallada.
< 100	3	Riesgo a priori bajo (sin necesidad de modificaciones)

Tabla 12 – Caracterización del riesgo [1]

2.3. INVENTARIO DE PRODUCTOS QUÍMICOS

Se expone a continuación del inventario de productos químicos, las frases de riesgo identificadas para dichos productos químicos y los componentes peligrosos que contienen:

Productos químicos identificados	Frases de riesgo	Componentes peligrosos
Olivé 707	R22	1,2-etanodiol
Sika-1	R35	solución acuosa de alcalinos
Sikafill	R10, 65, 66, 67, 51/53	nafta (petróleo), fracción pesada hidrodesulfurada
Olivé C-22	R21, 40, 41, 43, 65, 66, 36/38, 48/22, 53	mezcla de fluidos polidimetilsiloxánicos, carga y sustancias peligrosas
Gymcol Uneplas PVC, FT	R11, 19, 36/37, 66/67, 10, 20	tetrahidrofurano, metiletilcetona, ciclohexanona
Gymcol Contactbond	R11, 63, 48/20, 65, 38, 67, 11, 36, 66, 67, 51/53	tolueno, propanona/acetona, nafta (fracción ligera tratada con hidógeno)
Resina de poliéster SFB	R3, 7, 36, 43, 53, 51/53	peróxido de dibenzoilo, glicerol, benzoato de 2-etilhexilo, dibenzoato de oxidipropilo
Sellante Fischer	5 mg/m3	dysiomonil phthalate
Limpiador PVC Gymcol	R11, 36, 66/67	acetona, metiletilcetona
Loctite 577	R36/37/38, 7, 23, 21/22, 48/20/22, 34, 51, 53	lauryl methacrylatoe, hidroperoxido de cumeno
Lana de vidrio ISOVER[2]	R38	lana de vidrio (SiO2, Al2O3,...)
Adhesivo Armaflex 520	R 11, 20, 36, 38, 50/53, 65, 66, 67	Tolueno, heptano, metiletilcetona
Esab OK46.00	R45	silicato de aluminio, hierro, caliza, manganeso, cuarzo, silicatos, óxido de titanio
K Flex K 414	R11, 36/38, 51/53, 66, 67	nafta, acetato de etilo, acetona, butanona, xileno,...
Promat Kleber K84	R35	hidróxido de potasio
Hempadur FC 45660, 45669	R36/38, 43, 10, 20/21, 38, 36, 11, 43, 51/53	resina epoxídica, xileno, etilbenceno...
Hempadur FC 45660, 95570	R10, 22, 41, 37/38, 50, 11, 21, 34, 43, 52/53, 51/53, 36/37	xileno, butan-1-ol, 2-fenilpropeno...
Cemento CEM II/BL	R 36/37/38, 43	Klinker K, caliza
Mortero Weber	R 36, 37, 38, 53	cementos, aditivos, pigmentos...

Tabla 13 – Inventario de productos químicos, frases de riesgo y componentes peligrosos [1]

[2] Utilizado ocasionalmente por las empresas subcontratistas de construcción de conductos.

Productos químicos identificados	Cantidad utilizada semanal	Frecuencia de utilización	Usos	Qmáx	Cantidad relativa (%)
Olivé 707	2100 ml	Todos los días	relleno de conductos	2100	100
Sika-1	5 kg	2 días/semana	mezcla de mortero	20 kg	25
Sikafill	150 ml	Todos los días	mezcla de mortero	150 ml	100
Olivé C-22	2100 ml	Todos los días	sellado de conductos	2100	100
Gymcol Uneplas PVC, FT	5000 ml	Todos los días	unión de tuberías PVC	5000	100
Gymcol Contactbond	3500 ml	Todos los días	adhesivo rápido de contacto	5000	70
Resina de poliéster SFB	2050 ml	Todos los días	relleno de conductos	5000	41
Sellante Fischer	3000 ml	Todos los días	sellado de superficies	5000	60
Limpiador PVC Gymcol	3000 ml	Todos los días	limpiador PVC	5000	60
Loctite 577	1000 ml	Todos los días	sellado de roscas	3750	27
Lana de vidrio ISOVER	1000 kg	Todos los días	aislamiento conductos	1000	100
Adhesivo Armaflex 520	1512 ml	Todos los días	adhesivo para aislante tubería	3750	41
Esab OK46.00	10 gr	Todos los días	varillas revestidas para soldadura al arco	10	100
K Flex K 414	2400 ml	Todos los días	adhesivo para aislante tubería	5000	48
Promat Kleber K84	1 kg	Todos los días	adhesivo para placas ignífugas	1	100
Hempadur FC 45660, 45669	3750 ml	Todos los días	pintura epoxi anticorrosión tubería de PCI	3750	100
Hempadur FC 45660, 95570	1250 ml	Todos los días	mezcla secante para la pintura epoxi	3750	34
Cemento CEM II/BL	20 kg	Todos los días	cemento	20 kg	100
Mortero Weber	1 kg	1 día/semana	mortero coloreado	20 kg	5

Tabla 14 – Cantidad, frecuencia, usos, Qmáx y cantidad relativa de los productos químicos [1]

2.4. EVALUACIÓN DE RIESGO QUÍMICO

Los resultados de la evaluación del riesgo químico al contacto se indican a continuación:

	Clase de peligro	Puntuación del peligro	Clase de cantidad	Clase de frecuencia	Exposición potencial	Riesgo potencial	Prioridad
Olivé 707	3	100	5	2	5	10.000	Fuerte
Sika-1	4	1000	4	2	4	30.000	Fuerte
Sikafill	3	100	5	2	5	10.000	Fuerte
Olivé C-22	4	1000	5	4	5	100.000	Fuerte
Gymcol Uneplas PVC, FT	3	100	5	3	5	10.000	Fuerte
Gymcol Contactbond	3	100	5	3	5	10.000	Fuerte
Resina de poliéster SFB	3	100	5	2	5	10.000	Fuerte
Sellante Fischer	3	100	5	2	5	10.000	Fuerte
Limpiador PVC Gymcol	3	100	5	3	5	10.000	Fuerte
Loctite 577	2	10	4	3	4	300	Media
Lana de vidrio ISOVER	2	10	5	4	5	10.000	Fuerte
Adhesivo Armaflex 520	3	100	5	3	5	10.000	Fuerte
Esab OK46.00	4	1000	5	2	5	100.000	Fuerte
K Flex K 414	3	100	5	3	5	10.000	Fuerte
Promat Kleber K84	4	1000	5	4	5	100.000	Fuerte
Hempadur FC 45660, 45669	3	100	5	3	5	10.000	Fuerte
Hempadur FC 45660, 95570	3	100	4	3	4	3.000	Media
Cemento CEM II/BL	3	100	5	3	5	10.000	Fuerte
Mortero Weber	2	10	5	3	5	1.000	Media

Tabla 15 – Resultados de la evaluación de riesgo químico por contacto [1]

	Clase de peligro	Puntuación del peligro	Puntuación volatilidad	Puntuación del procedimiento	Puntuación protección colectiva	Pinh	Caracterización del riesgo
Olivé 707	3	100	10	0,500	1	500	Riesgo moderado
Sika-1	4	1000	1	0,500	1	500	Riesgo moderado
Sikafill	3	100	1	0,500	1	50	Riesgo a priori bajo
Olivé C-22	4	1000	1	1,000	1	1.000	Riesgo moderado
Gymcol Uneplas PVC, FT	3	100	10	0,500	1	500	Riesgo moderado
Gymcol Contactbond	3	100	10	0,500	1	500	Riesgo moderado
Resina de poliéster SFB	3	100	10	0,500	1	500	Riesgo a priori bajo
Sellante Fischer	3	100	1	0,500	1	50	Riesgo a priori bajo
Limpiador PVC Gymcol	3	100	10	0,500	1	500	Riesgo moderado
Loctite 577	2	10	1	0,500	1	5	Riesgo a priori bajo
Lana de vidrio ISOVER	2	10	100	0,500	1	500	Riesgo moderado
Adhesivo Armaflex 520	3	100	1	1,000	1	100	Riesgo a priori bajo
Esab OK46.00	4	1000	100	1,000	1	100.000	Riesgo probable muy elevado
K Flex K 414	3	100	1	0,500	1	50	Riesgo a priori bajo
Promat Kleber K84	4	1000	100	0,500	1	50.000	Riesgo probable muy elevado
Hempadur FC 45660, 45669	3	100	100	0,500	1	5.000	Riesgo probable muy elevado
Hempadur FC 45660, 95570	3	100	100	0,500	1	5.000	Riesgo probable muy elevado
Cemento CEM II/BL	3	100	1	0,500	1	50	Riesgo a priori bajo
Mortero Weber	2	10	1	0,500	1	5	Riesgo a priori bajo

Tabla 16 – Resultados de la evaluación de riesgo químico por inhalación [1]

Para establecer una valoración de riesgo global de aplicación para la sustitución del producto químico utilizado, se estimará el resultado obtenido siguiendo la combinación de ambas valoraciones, siguiendo el esquema a continuación:

Caracterización riesgo INHAL	Prioridad CONT		
	Baja	Media	Fuerte
Riesgo a priori bajo	Trivial	Tolerable	Moderado
Riesgo moderado	Tolerable	Moderado	Importante
Riesgo probable muy elevado	Moderado	Importante	Intolerable

Tabla 17 – Esquema de decisiones por prioridades [1, 3, 4]

Por último, se describen los resultados obtenidos:

	Prioridad CONT	Caracterización del riesgo INHAL	Resultado global
Olivé 707	Fuerte	Riesgo moderado	Importante
Sika-1	Fuerte	Riesgo moderado	Importante
Sikafill	Fuerte	Riesgo a priori bajo	Tolerable
Olivé C-22	Fuerte	Riesgo moderado	Importante
Gymcol Uneplas PVC, FT	Fuerte	Riesgo moderado	Importante
Gymcol Contactbond	Fuerte	Riesgo moderado	Importante
Resina de poliéster SFB	Fuerte	Riesgo a priori bajo	Media
Sellante Fischer	Fuerte	Riesgo a priori bajo	Media
Limpiador PVC Gymcol	Fuerte	Riesgo moderado	Importante
Loctite 577	Media	Riesgo a priori bajo	Tolerable
Lana de vidrio ISOVER	Fuerte	Riesgo moderado	Importante
Adhesivo Armaflex 520	Fuerte	Riesgo a priori bajo	Tolerable
Esab OK46.00	Fuerte	Riesgo probable muy elevado	Intolerable
K Flex K 414	Fuerte	Riesgo a priori bajo	Moderado
Promat Kleber K84	Fuerte	Riesgo probable muy elevado	Intolerable
Hempadur FC 45660, 45669	Media	Riesgo probable muy elevado	Importante
Hempadur FC 45660, 95570	Media	Riesgo probable muy elevado	Importante
Cemento CEM II/BL	Fuerte	Riesgo a priori bajo	Moderado
Mortero Weber	Media	Riesgo a priori bajo	Tolerable

Tabla 18 – Resultado global [1]

3. REPORTAJE FOTOGRÁFICO DE ALGUNOS DE LOS PRODUCTOS DETECTADOS

Fig. 1

Fig. 2

Fig. 3

Fig. 1. Olivé 707. Mezcla de dispersión acrícilica, plastificantes y cargas. Figura propia (own illustration).

Fig. 2. Sika 1. Solución acuosa de alcalinos. Figura propia (own illustration).

Fig. 3 Sikafill. Preparado a base de nafta. Figura propia (own illustration).

Fig. 4

Fig. 5

Fig. 6

Fig. 4. Resina de poliéster SFB para uso de mortero compuesto. Figura propia (own illustration).

Fig. 5. Lana de vidrio ISOVER, para la construcción de conductos. Figura propia (own illustration).

Fig. 6. Limpiador para tuberías de PVC Gymcol, Uneplas. Figura propia (own illustration).

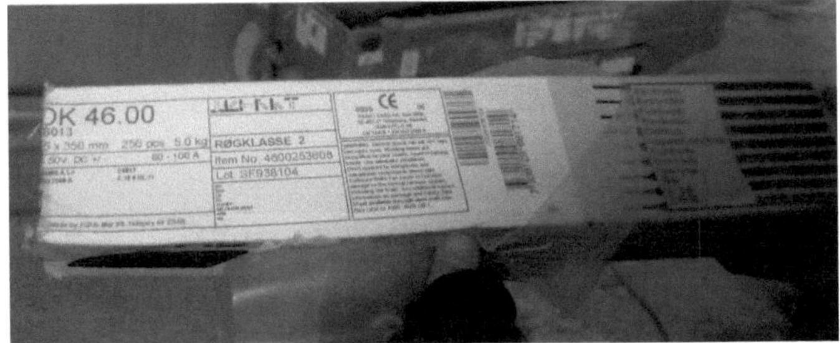

Fig. 7

Fig. 8

Fig. 7. Electrodo par soldadura al arco. Figura propia (own illustration).

Fig. 8. Pintura epoxi y secante. Figura propia (own illustration).

Fig. 9

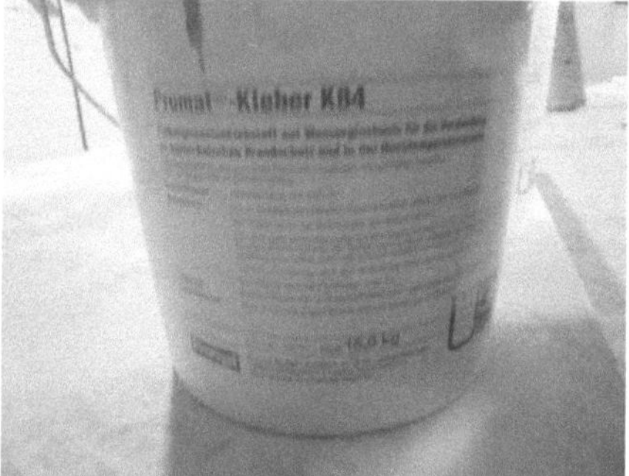

Fig. 10

Fig. 9. Adhesivo tuberías. Figura propia (own illustration).

Fig. 10. Pegamento Promat Kleber K84. Figura propia (own illustration).

4. MEDIDAS PREVISTAS EN FUNCIÓN DE LOS RESULTADOS OBTENIDOS

4.1. MEDIDAS GENERALES PREVISTAS PARA LOS PRODUCTOS QUÍMICOS DE CONTACTO

Se dará información a las empresas que utilizan estos productos para que procedan a realizar una evaluación completa en caso de ser necesario de los agentes químicos utilizados en los productos que utilizan.

Se pedirá a las empresas que planifiquen la sustitución del producto con riesgo elevado a medio/largo plazo, por otro que entrañe menos o ningún riesgo.

Se dará información a los trabajadores sobre las fichas de datos de seguridad química, en particular, en lo referente a los apartados sobre uso de guantes.

4.2. MEDIDAS GENERALES PREVISTAS PARA LOS PRODUCTOS QUÍMICOS POR INHALACIÓN

Se dará información a las empresas que utilizan estos productos para que procedan a realizar una evaluación completa en caso de ser necesario de los agentes químicos utilizados en los productos que utilizan.

Se pedirá a las empresas que planifiquen la sustitución del producto a medio/largo plazo, por otro que entrañe menos o ningún riesgo.

Se dará información a los trabajadores sobre las fichas de datos de seguridad química, en particular, en lo referente a los apartados sobre uso de guantes.

Los productos con riesgo probable muy elevado, no serán utilizados en lugares sin ventilación.

5. MEDIDAS ESPECÍFICAS PREVISTAS EN RELACIÓN A LOS PRODUCTOS QUÍMICOS UTILIZADOS

PRODUCTOS QUE UTILIZAN LAS EMPRESAS DE CONSTRUCCIÓN DE CONDUCTOS DE CLIMATIZACIÓN

Olivé 707

Frases R:

R22: Nocivo por ingestión.

Se recomienda el uso de guantes para manipular el producto, incluso en aplicación directa del envase.

Queda prohibido comer, beber o fumar en la manipulación de este producto. Las personas que trabajan con este producto deberán lavarse las manos y la cara antes de comer, beber o fumar.

Evitar el contacto con los ojos, piel y la ropa.

Se deberá utilizar en zonas abiertas y ventiladas, en caso contrario, se requiere el uso de mascarillas faciales de protección adaptadas a los compuestos que lo contienen.

El envase se mantendrá siempre cerrado.

Olivé C-22

Frases R:

R21: Nocivo en contacto con la piel.

R40: Posibles efectos cancerígenos.

R41: Riesgo de lesiones oculares graves.

R43: Posibilidad de sensibilización en contacto con la piel.

R65: Nocivo. Si se ingiere puede causar daño pulmonar.

R66: La exposición repetida puede provocar sequedad o formación de grietas en la piel.

R48/22: Nocivo. Riesgo de efectos graves para la salud en caso de exposición repetida o prolongada por ingestión.

R53: Puede provocar a largo plazo, efectos negativos en el medio acuático.

Se recomienda el uso de guantes para manipular el producto, incluso en aplicación directa del envase.

Queda prohibido comer, beber o fumar en la manipulación de este producto. Las personas que trabajan con este producto deberán lavarse las manos y la cara antes de comer, beber o fumar.

Evitar el contacto con los ojos, piel y la ropa.

Se deberá utilizar en zonas abiertas y ventiladas, en caso contrario, se requiere el uso de mascarillas faciales de protección adaptadas a los compuestos que lo contienen.

El envase se mantendrá siempre cerrado.

Se recomienda la sustitución del producto por los posibles efectos cancerígenos (R40).

Lana de vidrio ISOVER

Frases R:

R38: Irrita la piel.

Se utilizarán guantes en la manipulación del producto.

Como medida general para evitar la inhalación de fibras, no se deberá eliminar el aluminio que recubre la manta de lana de vidrio. Se recomienda el uso de mascarillas autofiltrantes tipo FFP2.

PRODUCTOS QUE UTILIZAN LAS EMPRESAS DE ALBANILERÍA DE SOPORTE PARA CLIMATIZACIÓN Y CALEFACCIÓN

Sika-1

Frases R:

R35: Provoca quemaduras graves.

Se recomienda el uso de guantes para manipular el producto y evitar en todo caso el contacto directo con la piel, en particular, se recomienda guantes de goma de butilo/ nitrilo.

Para evitar las salpicaduras, se recomienda el uso de protección ocular.

Queda prohibido comer, beber o fumar en la manipulación de este producto. Las personas que trabajan con este producto deberán lavarse las manos y la cara antes de comer, beber o fumar.

Evitar el contacto con los ojos, piel y la ropa.

Se recomienda utilizar solamente en zonas abiertas y ventiladas.

El envase se mantendrá siempre cerrado.

Sikafill

Frases R:

R10: Inflamable.

R65: Nocivo. Si se ingiere puede causar daño pulmonar.

R66: La exposición repetida puede causar sequedad o grietas en la piel.

R67: La inhalación de vapores puede provocar somnolencia y vértigo.

R51/53: La inhalación de vapores puede provocar somnolencia y vértigo.

Se recomienda el uso de guantes para manipular el producto y evitar en todo caso el contacto directo con la piel, en particular, se recomienda guantes de goma de butilo/ nitrilo.

Para evitar las salpicaduras, se recomienda el uso de protección ocular.

Queda prohibido comer, beber o fumar en la manipulación de este producto. Las personas que trabajan con este producto deberán lavarse las manos y la cara antes de comer, beber o fumar.

Evitar el contacto con los ojos, piel y la ropa.

Se recomienda utilizar en lugares ventilados.

Cemento CEM II/BL

Frases R:

R36/37/38: Irrita los ojos, la piel y las vías respiratorias.

R43: Posibilidad de sensibilización en contacto con la piel.

Se recomienda el uso de guantes para manipular el producto y evitar en todo caso el contacto directo con la piel, en particular, se recomienda guantes de goma de butilo/ nitrilo.

Para evitar las salpicaduras, se recomienda el uso de protección ocular.

Queda prohibido comer, beber o fumar en la manipulación de este producto. Las personas que trabajan con este producto deberán lavarse las manos y la cara antes de comer, beber o fumar.

Evitar el contacto con los ojos, piel y la ropa.

Mortero Weber

Frases R:

R36: Irrita los ojos.

R37: Irrita las vías respiratorias.

R38: Irrita la piel.

R53: Puede provocar a largo plazo efectos negativos en el medio ambiente acuático.

Se recomienda el uso de guantes para manipular el producto y evitar en todo caso el contacto directo con la piel.

Queda prohibido comer, beber o fumar en la manipulación de este producto. Las personas que trabajan con este producto deberán lavarse las manos y la cara antes de comer, beber o fumar.

Evitar el contacto con los ojos, piel y la ropa.

PRODUCTOS QUE UTILIZAN LAS EMPRESAS DE INSTALACIÓN DE REDES DE AGUA EN EDIFICIOS

Gymcol, Uneplas FT

Frases R:

R10: Inflamable.

R11: Fácilmente inflamable.

R19: Puede formar peróxidos explosivos.

R20: Nocivo por inhalación.

R36/37:Irrita los ojos y las vías respiratorias.

R66/67: La exposición repetida puede provocar sequedad o formación de grietas en la piel. La inhalación de vapores puede provocar somnolencia y vértigo.

Se recomienda el uso de guantes para manipular el producto, incluso en aplicación directa del envase.

Queda prohibido comer, beber o fumar en la manipulación de este producto. Las personas que trabajan con este producto deberán lavarse las manos y la cara antes de comer, beber o fumar.

Evitar el contacto con los ojos, piel y la ropa.

Se deberá utilizar en zonas abiertas y ventiladas, en caso contrario, se requiere el uso de mascarillas faciales de protección adaptadas a los compuestos que lo contienen.

El envase se mantendrá siempre cerrado.

Gymcol, Contactbond

Frases R:

R11: Fácilmente inflamable.

R63: Posible riesgo durante el embarazo de efectos adversos para el feto.

R48/20: Nocivo: riesgo de efectos graves para la salud en caso de exposición prolongada por inhalación.

R65: Nocivo: si se ingiere puede causar daño pulmonar.

R66: La exposición repetida puede provocar sequedad o formación de grietas en la piel.

R43: Posibilidad de sensibilización en contacto con la piel.

R36/38: Irrita los ojos y la piel.

R48/22: Nocivo: riesgo de efectos graves para la salud en caso de exposición prolongada por ingestión.

R53: Puede provocar a largo plazo efectos negativos en el medio ambiente acuático.

Resina de poliéster SFB

Frases R:

R3: Alto riesgo de explosión por choque, fricción, fuego u otras fuentes de ignición.

R7: Puede provocar incendios.

R36: Irrita los ojos.

R43: Posibilidad de sensibilización en contacto con la piel.

R53: Puede provocar a largo plazo efectos negativos en el medio ambiente acuático.

R51/53: Tóxico para los organismos acuáticos, puede provocar a largo plazo efectos negativos en el medio ambiente acuático.

Se recomienda el uso de guantes para manipular el producto, incluso en aplicación directa del envase.

Queda prohibido comer, beber o fumar en la manipulación de este producto. Las personas que trabajan con este producto deberán lavarse las manos y la cara antes de comer, beber o fumar.

Evitar el contacto con los ojos, piel y la ropa.

Se deberá utilizar en zonas abiertas y ventiladas, en caso contrario, se requiere el uso de mascarillas faciales de protección adaptadas a los compuestos que lo contienen.

El envase se mantendrá siempre cerrado.

Sellante Fischer

Se recomienda el uso de guantes para manipular el producto, incluso en aplicación directa del envase.

Queda prohibido comer, beber o fumar en la manipulación de este producto. Las personas que trabajan con este producto deberán lavarse las manos y la cara antes de comer, beber o fumar.

Evitar el contacto con los ojos, piel y la ropa.

Se deberá utilizar en zonas abiertas y ventiladas.

El envase se mantendrá siempre cerrado.

Limpiador PVC Gymcol

Frases R:

R11: Fácilmente inflamable.

R36: Irrita los ojos.

R66/67: La exposición repetida puede provocar sequedad o formación de grietas en la piel. La inhalación de vapores puede provocar somnolencia y vértigo.

Se recomienda el uso de guantes para manipular el producto, incluso en aplicación directa del envase.

Queda prohibido comer, beber o fumar en la manipulación de este producto. Las personas que trabajan con este producto deberán lavarse las manos y la cara antes de comer, beber o fumar.

Evitar el contacto con los ojos, piel y la ropa.

Se deberá utilizar en zonas abiertas y ventiladas, en caso contrario, se requiere el uso de mascarillas faciales de protección adaptadas a los compuestos que lo contienen.

El envase se mantendrá siempre cerrado.

K Flex K 414

Frases R:

R11: Fácilmente inflamable.

R36/38: Irrita los ojos y la piel.

R51/53: Tóxico para los organismos acuáticos, puede provocar a largo plazo efectos negativos en el medio ambiente acuático.

R66: La exposición repetida puede provocar sequedad o formación de grietas en la piel.

R67: La inhalación de vapores puede provocar somnolencia y vértigo.

Se recomienda el uso de guantes para manipular el producto, incluso en aplicación directa del envase.

Queda prohibido comer, beber o fumar en la manipulación de este producto. Las personas que trabajan con este producto deberán lavarse las manos y la cara antes de comer, beber o fumar.

Evitar el contacto con los ojos, piel y la ropa.

Se deberá utilizar en zonas abiertas y ventiladas, en caso contrario, se requiere el uso de mascarillas faciales de protección adaptadas a los compuestos que lo contienen.
El envase se mantendrá siempre cerrado.

PRODUCTOS QUE UTILIZA LAS EMPRESAS DE INSTALACIÓN DE REDES DE PROTECCIÓN CONTRA INCENDIOS

Esab OK46.00
Frases R:
R45: Puede causar cáncer.
Se recomienda la sustitución del producto.

Hempadur FC 45660, 45669
Frases R:
R36/38: Irrita los ojos y la piel.
R43: Posibilidad de sensibilización en contacto con la piel.
R10: Inflamable.
R20/21: Nocivo en contacto con la piel y por ingestión.
R38: Irrita la piel.
R36: Irrita los ojos.
R11: Fácilmente inflamable.
R43: Posibilidad de sensibilización en contacto con la piel.
R51/53: Tóxico para los organismos acuáticos, puede provocar a largo plazo efectos negativos en el medio ambiente acuático.
Se recomienda el uso de guantes para manipular el producto, incluso en aplicación directa del envase.
Queda prohibido comer, beber o fumar en la manipulación de este producto. Las personas que trabajan con este producto deberán lavarse las manos y la cara antes de comer, beber o fumar.
Evitar el contacto con los ojos, piel y la ropa.
Se recomienda utilizar gafas de protección en la manipulación en las tareas de pintado de tuberías instaladas.
Se deberá utilizar en zonas abiertas y ventiladas, en caso contrario, se requiere el uso de mascarillas faciales de protección adaptadas a los compuestos que lo contienen.
El envase se mantendrá siempre cerrado.

Hempadur FC 45660, 95570

Frases R:

R10: Inflamable.

R22: Nocivo por ingestión.

R41: Riesgo de lesiones oculares graves.

R37/38: Irrita las vías respiratorias y la piel.

R50: Muy tóxico para los organismos acuáticos.

R11: Fácilmente inflamable.

R21: Nocivo en contacto con la piel.

R34: Provoca quemaduras.

R43: Posibilidad de sensibilización en contacto con la piel.

R52/53: Nocivo para los organismos acuáticos, puede provocar a largo plazo efectos negativos en el medio ambiente acuático.

R51/53: Tóxico para los organismos acuáticos, puede provocar a largo plazo efectos negativos en el medio ambiente acuático.

R36/37: Irrita los ojos y las vías respiratorias.

Se recomienda el uso de guantes para manipular el producto, incluso en aplicación directa del envase.

Queda prohibido comer, beber o fumar en la manipulación de este producto. Las personas que trabajan con este producto deberán lavarse las manos y la cara antes de comer, beber o fumar.

Evitar el contacto con los ojos, piel y la ropa.

Se recomienda utilizar gafas de protección en la manipulación en las tareas de pintado de tuberías instaladas.

Se deberá utilizar en zonas abiertas y ventiladas, en caso contrario, se requiere el uso de mascarillas faciales de protección adaptadas a los compuestos que lo contienen.

El envase se mantendrá siempre cerrado.

PRODUCTOS QUE UTILIZA LAS EMPRESAS DE INSTALACIÓN DE REDES DE TUBERÍAS PARA CLIMATIZACIÓN

Adhesivo Armaflex 520

Frases R:

R36/37/38: Irrita los ojos, la piel y las vías respiratorias.

R43: Posibilidad de sensibilización en contacto con la piel.

Se recomienda el uso de guantes para manipular el producto, incluso en aplicación directa del envase.

Queda prohibido comer, beber o fumar en la manipulación de este producto. Las personas que trabajan con este producto deberán lavarse las manos y la cara antes de comer, beber o fumar.

Evitar el contacto con los ojos, piel y la ropa.

Se deberá utilizar en zonas abiertas y ventiladas, en caso contrario, se requiere el uso de mascarillas faciales de protección adaptadas a los compuestos que lo contienen.

El envase se mantendrá siempre cerrado.

PRODUCTOS QUE UTILIZA LA EMPRESA DE CONSTRUCCIÓN DE CONDUCTOS ESPECIALES

Promat Kleber K84

Frases R:

R35: Provoca quemaduras graves.

Se recomienda el uso de guantes para manipular el producto, incluso en aplicación directa del envase.

Queda prohibido comer, beber o fumar en la manipulación de este producto. Las personas que trabajan con este producto deberán lavarse las manos y la cara antes de comer, beber o fumar.

Evitar el contacto con los ojos, piel y la ropa.

Se deberá utilizar en zonas abiertas y ventiladas, en caso contrario, se requiere el uso de mascarillas faciales de protección adaptadas a los compuestos que lo contienen.

El envase se mantendrá siempre cerrado.

6. REFERENCIAS

[1] R. Vicent, F. Bonthous, G. Mallet *et al.*, "Méthodologie d'evaluation simplifiée du risque chimique.," Hygiène et sécurité du travail - Cahiers de notes documentaires I. n. d. r. e. d. s. p. l. p. d. a. d. t. e. d. m. p. (INRS), ed., 2005, pp. 39-62.

[2] *Real Decreto 374/2001, de 6 de abril, sobre la protección de la salud y seguridad de los trabajadores contra los riesgos relacionados con los agentes químicos durante el trabajo* Standard BOE nº 104 01/05/2001, 2001.

[3] N. Cavallé Oller, "NTP 750: Evaluación del riesgo por exposición inhalatoria de agentes químicos. Metodología simplificada.," I. N. S. H. T. Instituto Nacional de Seguridad e Higiene del Trabajo, ed., 2005.

[4] I. N. S. H. T. Instituto Nacional de Seguridad e Higiene del Trabajo, "Guía para la evaluación y prevención de los riesgos relacionados con agentes químicos," INSHT, ed., 2006.

[5] *COUNCIL DIRECTIVE 2006/102/EC of 20 November 2006 adapting Directive 67/548/EEC on the classification, packaging and labelling of dangerous substances, by reason of the accession of Bulgaria and Romania*, 2006.